精彩广播剧
请扫二维码

给孩子的人文科学启蒙书

月亮小姐²来了

黄 胜◎文

海南出版社
·海口·

新的一期《万物有话说》开始了。这一次，问号先生和双引号小姐请到直播间的嘉宾是月光小姐。

月亮小姐很害怕，她想到要面对摄像机，起初有点犹豫，但最后还是决定来直播间讲一讲自己的故事。
她希望大家能帮助她解开自己身上的秘密。

我**不知道**自己是怎么来到这个世界的，只记得在**很久很久以前**，人们说我是**开天辟地**的**盘古**的一只**眼睛**幻化而成的。

古时候人们视我为神灵，十分崇拜我。因为我会在太阳下山后出来，让夜晚不再漆黑一片，消除了人们对黑夜的恐惧。

一些爱思考的人发现：我一直重复着从弯刀慢慢变成圆盘的模样，又从圆盘变成弯刀的过程，而且所花费的时间是一样的。

不过，那个时候人们对我的认知还处于
充满丰富想象力的阶段，因此流传下来
许多美丽动人的传说。最有名的就是
嫦娥奔月的故事。

后羿射日后，从西王母那儿求来了长生不老药，交给妻子嫦娥保管。没想到，他的徒弟等到后羿出去后便去抢药。嫦娥一着急就把药吞了下去，然后慢慢地飘到天上，飘到了我那里。

在古人的想象中，我那里有一座宫殿叫作**广寒宫**，还有一棵很大很大的**桂树**。广寒宫是一个十分冷清的地方，除了**嫦娥**之外就只有一只会**捣药**的玉兔和一个不停地挥着斧头砍树的仙人**吴刚**。

这只可爱的小兔子，可一点儿都不简单。
它不仅被老北京人尊称为**兔儿爷**，还跟
传统节日**中秋节**的由来有关。

据说，有一年**北京城**闹瘟疫，因为无药医治死了很多
人。捣药的**玉兔**看到后，偷偷地离开广寒宫去给人们
送药，**化解**了这场灾难。

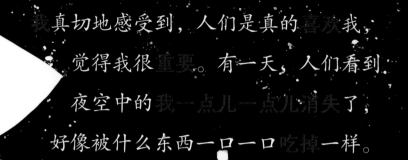

我真切地感受到，人们是真的喜欢我，觉得我很重要。有一天，人们看到夜空中的我一点儿一点儿消失了，好像被什么东西一口一口吃掉一样。

天狗吃月亮了！

人们并不知道这是正常的天文现象，叫作月食。他们认为是有一只贪吃、凶恶、巨大的凶兽要吃掉我，而且还给这只凶兽取了一个名字，叫天狗。于是，人们又敲锣又鸣放鞭炮，想要吓跑它。

天狗吃月亮了！

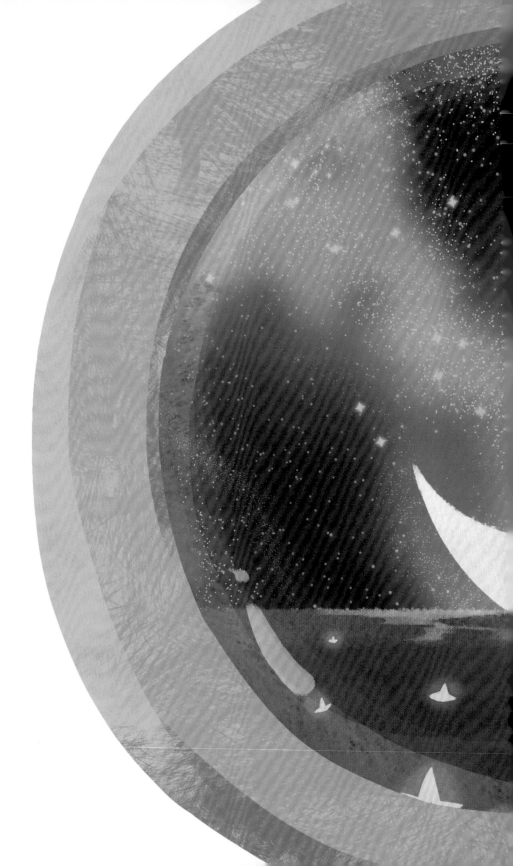

很长一段时间，人们眼中的我就像是披着一层面纱，**神秘**而**美丽**。后来，在一群充满好奇心的人不断地**探索**下，我的很多秘密才逐渐被揭开。这群人就是**天文爱好者、天文学家**以及其他的**科学家**。

他们发现：

我围绕地球转一周大概

需要 27 天；

我是围绕地球转动的

一颗卫星；

我的直径只有地球的 1/4；

我的**质量**大约是地球的 1/81；
引力只有地球的 1/6。

他们还发现：我是不能发光的。

夜晚，人们看到
我挂在空中发光，
大地**笼罩**在我皎洁的光线下，
那是因为我能**反射太阳光**。

随着人们不断地**探索**，对我的了解也越来越多。他们还发现，**潮汐**跟我也有关系。因为我在**围绕地球旋转**时，离地球表面的**距离不一样**，产生的引力也不一样。正对我的一面，所受到的引力会变大，海水在**引力**的作用下**向外膨胀**，就形成了**涨潮**。

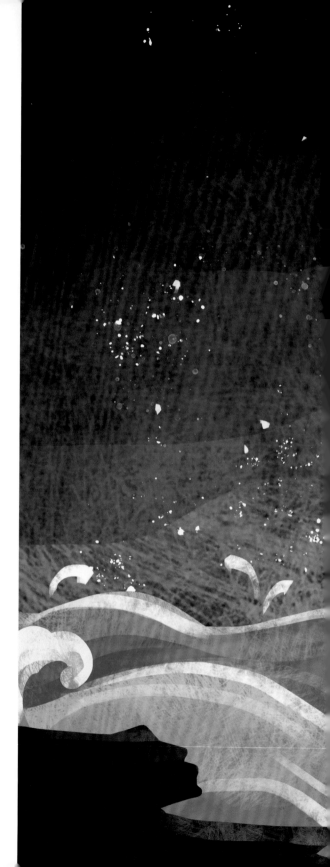

人们也知道了**月食**并不是有什么凶猛的**天狗**要吃掉我，而是我围绕着**地球转动**的时候，恰好跟**地球**和**太阳**处在了**一条直线上**，无法**反射太阳光**的一种天文现象。

茫茫宇宙中有无数的星体，
而我是离地球最近的。古时候，
人们就幻想着飞上太空，他们为了
来到我这里，做着各种各样的努力。

终于，在1969年，三位美国宇航员乘坐着
"阿波罗11号"宇宙飞船，来到了我这里。

2020 年，中国"嫦娥五号"探测器也来到了

我这里，回去的时候还带回了我送给他们的

特殊礼物。

这一次，虽然没有人跟着来，但是我相信
用不了多久，他们会来的。我欢迎他们的
到来，希望他们能帮我揭开更多秘密。

月亮小姐还想继续说下去，这时叹号小姐礼貌地提醒她，节目时间快要到了。意犹未尽的月亮小姐，只好跟小朋友们挥手说再见。她希望有机会再来直播间，继续给小朋友们讲她的故事！

图书在版编目（CIP）数据

万物有话说 . 2, 月亮小姐来了 / 黄胜文 . —— 海口：
海南出版社，2024.1

ISBN 978-7-5730-1408-5

Ⅰ . ①万… Ⅱ . ①黄… Ⅲ . ①自然科学 – 青少年读物
Ⅳ . ① N49

中国国家版本馆 CIP 数据核字 (2023) 第 220243 号

万物有话说　2. 月亮小姐来了

WANWU YOU HUA SHUO 2. YUELIANG XIAOJIE LAILE

作　　者：黄　胜
出 品 人：王景霞
责任编辑：李　超
策划编辑：高婷婷
责任印制：杨　程
印刷装订：三河市中晟雅豪印务有限公司
读者服务：唐雪飞
出版发行：海南出版社
总社地址：海口市金盘开发区建设三横路 2 号
邮　　编：570216
北京地址：北京市朝阳区黄厂路 3 号院 7 号楼 101 室
电　　话：0898-66812392　　010-87336670
邮　　箱：hnbook@263.net
经　　销：全国新华书店
版　　次：2024 年 1 月第 1 版
印　　次：2024 年 1 月第 1 次印刷
开　　本：889 mm×1 194 mm　1/16
印　　张：16.5
字　　数：206 千字
书　　号：ISBN 978-7-5730-1408-5
定　　价：168.00 元（全六册）